莱琦锻造楼梯栏杆图集（二）

马裕旭 连希勤 吴一冉 刘巧玲 荆世发 曾满 编著

U0283630

中国建材工业出版社

图书在版编目（CIP）数据

莱琦锻造楼梯栏杆图集．2 / 马裕旭等编著．-- 北京：中国建材工业出版社，2012.5
ISBN 978-7-5160-0146-2

Ⅰ．①莱… Ⅱ．①马… Ⅲ．①楼梯－建筑设计－图集
Ⅳ．①TU229-64

中国版本图书馆CIP数据核字（2012）第075430号

莱琦锻造楼梯栏杆图集（二）
马裕旭 连希勤 吴一冉 刘巧玲 荆世发 曾满 编著

出版发行：中国建材工业出版社
地　　址：北京市西城区车公庄大街6号
邮　　编：100044
经　　销：全国各地新华书店
印　　刷：宏伟双华印刷有限公司
开　　本：787 mm x 1092 mm 1/12
印　　张：9.5
字　　数：230 千字
版　　次：2012 年 5 月第 1 版
印　　次：2012 年 5 月第 1 次
书　　号：ISBN 978-7-5160-0146-2
定　　价：98.00 元

本社网址：www.jccbs.com.cn

前　　言

自《莱琦锻造楼梯栏杆图集》（一）出版以来，莱琦设计团队收到许多楼梯业界朋友并终端用户的反馈意见，大家认为莱琦楼梯的设计概念和实践为业界吹进新风，开拓了视野，代表了室内楼梯发展的最新成就和高端水准，同时也对莱琦楼梯的创新和丰富提出了殷切希望。背负创意生活、引领行业的使命，怀揣业界朋友的关爱和期待，《莱琦锻造楼梯栏杆图集》（二）经过十月孕育，今日诞生了。

《莱琦锻造楼梯栏杆图集》（二）不是《图集》（一）的简单扩充。如果说《图集》（一）是从概念上介绍了欧式铁艺立柱在实木楼梯上的美妙应用和迷人效果，那么，《图集》（二）则从内涵上诠释了铁木结合的精妙变幻及立柱设计与着色的时代特征。概括地说，《图集》（二）从三个方面呈现莱琦设计的最新成就：

一是铁木混搭立柱。它突破铁艺立柱与实木扶手并踏板间的单体搭配概念，在同一立柱之中实现铁木混搭，立柱两端保留实木特质，中段融入锻造铁艺花型，这使得立柱与扶手及踏板之间实现木木衔接，最大限度地保留了全实木楼梯独具的敦厚特质；而在同根立柱之中实现铁木融合。木藏金，金克木，木抱金，相生相制，浑然天成。这是铁与木内在的、天然的融合，不折不扣地保全了铁与木各自的特质，却依铁的灵动消除了木的呆滞，仗木的柔和掩去铁的冷峻；留下的是圆润、厚实和温暖，是坚韧、通灵和幻化。

二是立柱造型的时代气息。曲线组合搭配卷草舒花是欧式铁艺的经典特征，因其华美和尊贵而成为别墅装饰的经典手法。随着独立式别墅和集群复式住宅的大量涌现，装饰风格呈现多元化、时代化的态势，对楼梯立柱造型风格的时代化需求突显出来。铁艺立柱的时代特征主要体现在几何图形的运用和简约式的表现上。简约性带来的挑战是：如何使得图案简明却不失艺术性，用料简约但不失工艺性。正是对这对矛盾的觉察和深思，莱琦团队在《图集》（二）中推出的每款设计，都力图体现平衡美学：让细节诉说工艺，用点缀提升艺术。

三是立柱着色的多元化。铁艺装饰具有多姿多彩的特征，但装饰实践中应用的色彩搭配仍相当有限，一般通行而成熟的做法是，以亚光黑为底色，表面描绘古铜、青铜、亮金、旧银等效果。铁艺做色的难点在于：用彩部位要拿捏恰当，颜色搭配要自然流畅，对操作手法和技能要求很高，伴随着色创新的失败风险很高，因此，装饰实践中多因循守旧。《图集》（一）率先推出了亚光白为底色的几种效果，为时尚化装饰提供了素材。《图集》（二）新推出墨黑、暗灰、铁灰、砖红、纳米喷镀和珠光金效果，必将大大丰富个性化、整体化装修的选项。

本图集可供楼梯业者开展业务使用，可作为装饰装修业者、铁艺业者、建筑设计师和大专院校建筑装饰专业师生的参考书。

本书的出版是莱琦设计团队的阶段性工作汇总。莱琦团队在锻造楼梯和锻造家饰方面的创意设计和大胆探索仍将持续。欢迎读者朋友通过下面的联络方式同编者开展交流：

莱琦中国

网站：www.lecky.cn

电话：010-80102132

传真：010-64875742

QQ：2214265760

Email：lecky@lecky.co.uk

编者

二零一二年五月

2

LKS91001

LKS91002

LKS91003

LKS10805

4 page>

LKS10801

LKS10799

LKS10761

LKS10759

LKS91004

LKS91005

LKS91006

LKS10794

12

LKS10788

LKS10798

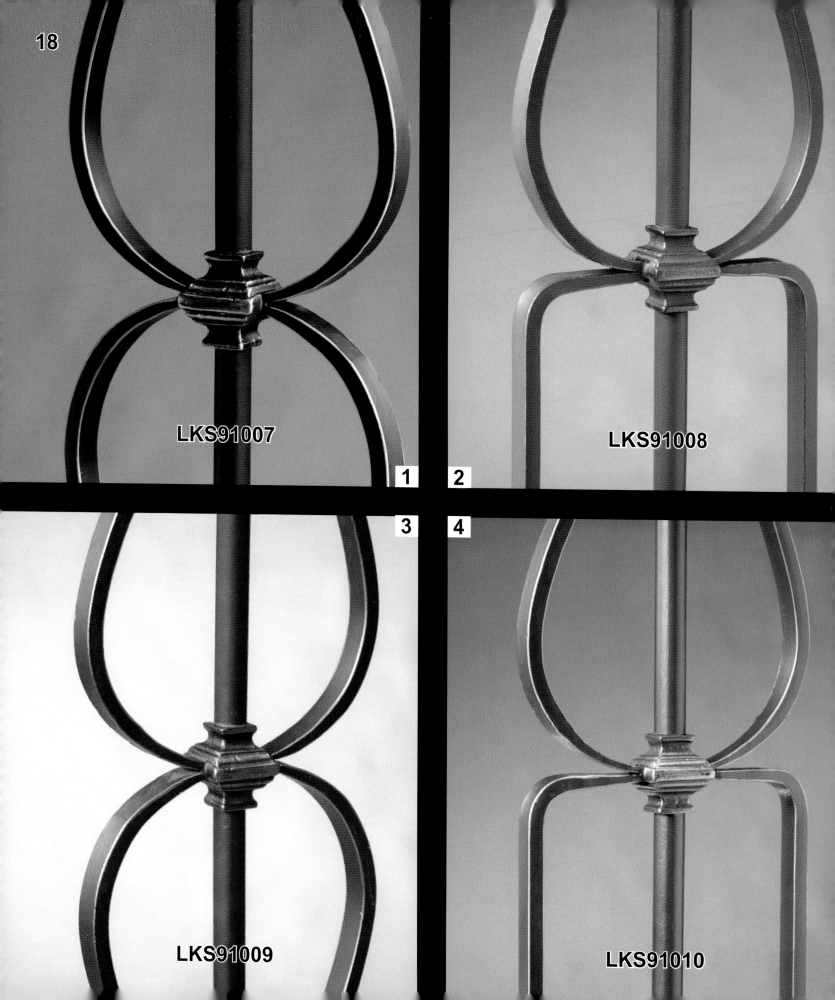

LKS91007

LKS91008

1 **2**

3 **4**

LKS91009

LKS91010

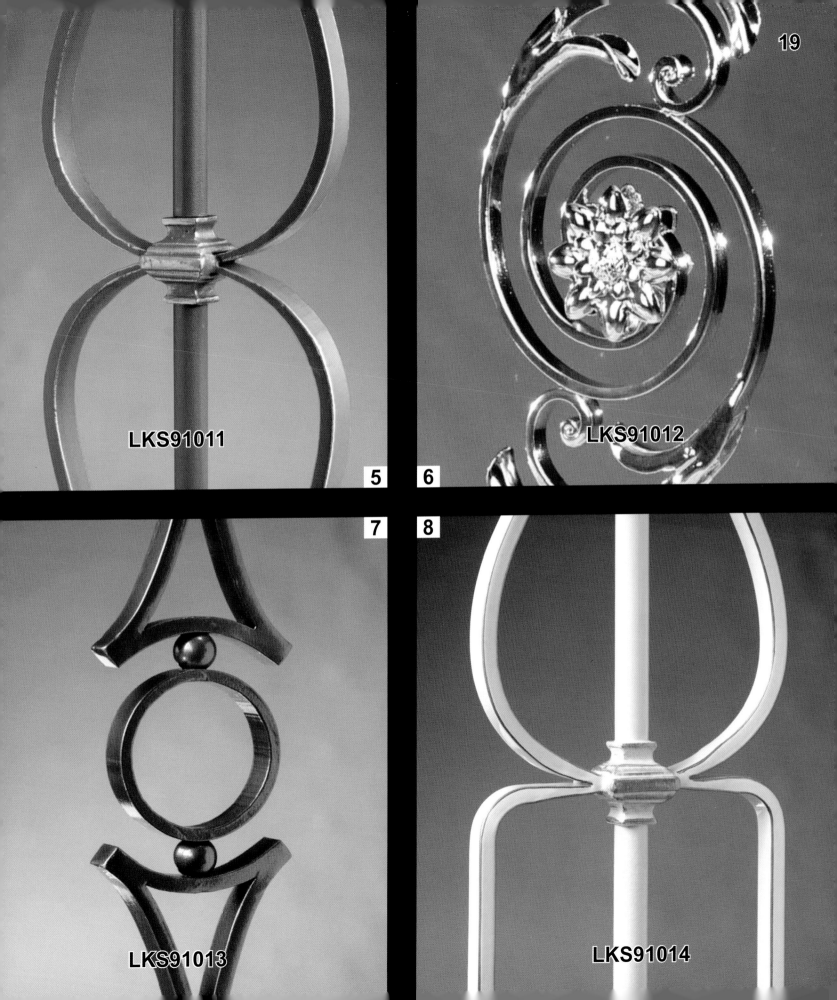

LKS91011

5

6

LKS91012

7

8

LKS91013

LKS91014

LKS10786

LKS10812

LKS10813

LKS10776

LKS10793

LKS10783

28

LKS91015

LKS91016

LKS91017

LKS10777

LKS10806

LKS10673

LKS10665

LKS10800

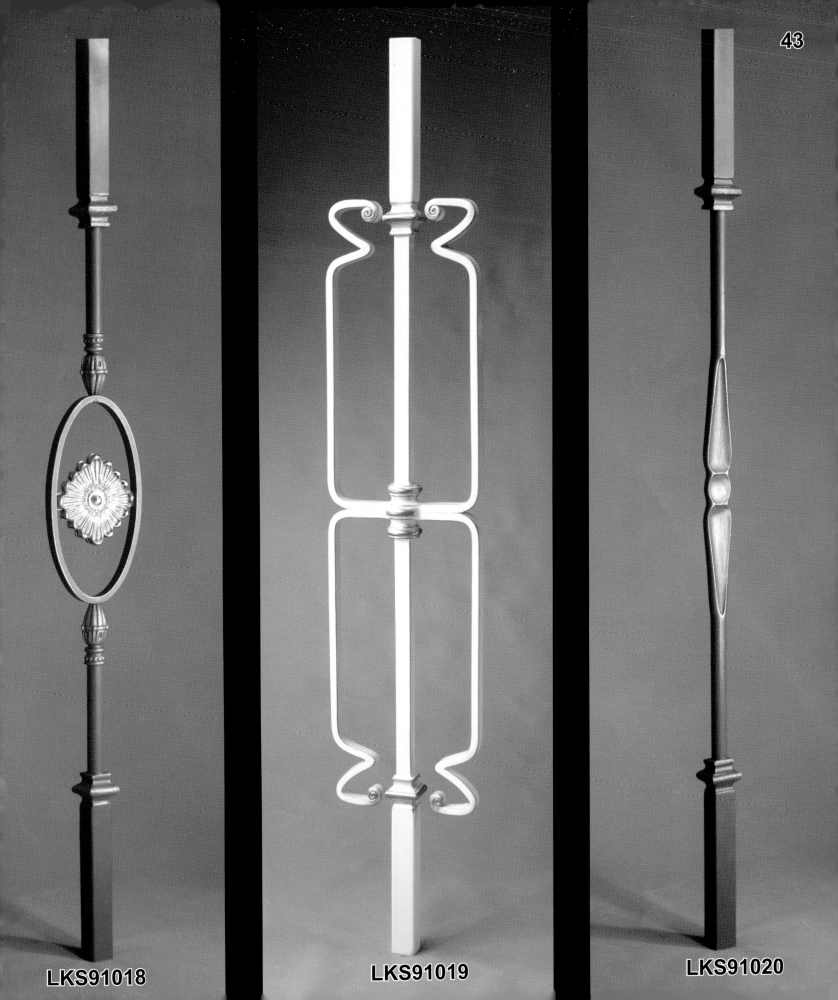

LKS91018

LKS91019

LKS91020

LKS10804

46

LKS10668

LKS10797

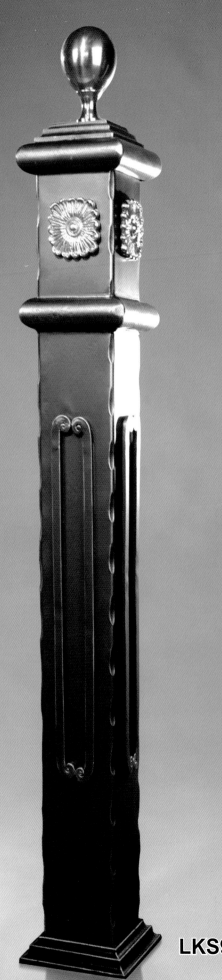

LKS91021

LKS91022

LKS91023

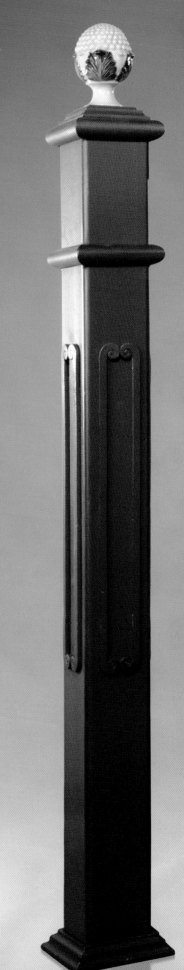

LKS91024

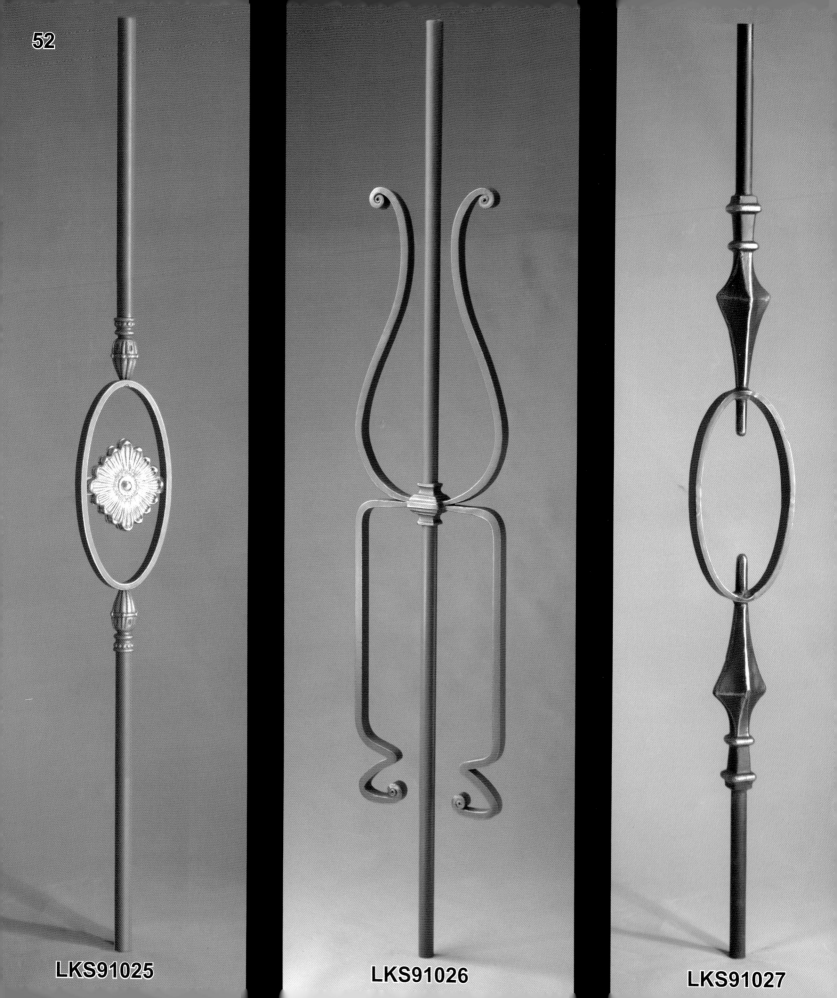

52

LKS91025

LKS91026

LKS91027

LKS10820

LKS10836

LKS10811

LKS10834

60

LKS91028

LKS91029

LKS91030

LKS10779

LKS10824

LKS10833

66

LKS10663

LKS10674

68

LKS10666

LKS10672

LKS10680

LKS10695

LKS10682

LKS10835

LKS10691

LKS10822

LKS10789

LKS10688

LKS10689

LKS10808

LKS10829

LKS10830

LKS10694

LKS10684

LKS10657

LKS10839

LKS10840

LKS10841

LKS10842

100

LKS10847

LKS10848

LKS10849

LKS10850

LKS10843

LKS10844

LKS10845

LKS10846

106

LKS91021

LKS91024

LKS91033

LKS91033